Yadira Suárez

Inovação matemática: competências e gamificação na sala de aula

Yadira Suárez

Inovação matemática: competências e gamificação na sala de aula

Transformar a aprendizagem da matemática através da gamificação: Estratégias para uma avaliação exaustiva

ScienciaScripts

Imprint

Any brand names and product names mentioned in this book are subject to trademark, brand or patent protection and are trademarks or registered trademarks of their respective holders. The use of brand names, product names, common names, trade names, product descriptions etc. even without a particular marking in this work is in no way to be construed to mean that such names may be regarded as unrestricted in respect of trademark and brand protection legislation and could thus be used by anyone.

Cover image: www.ingimage.com

This book is a translation from the original published under ISBN 978-613-9-40921-1.

Publisher:
Sciencia Scripts
is a trademark of
Dodo Books Indian Ocean Ltd. and OmniScriptum S.R.L publishing group

120 High Road, East Finchley, London, N2 9ED, United Kingdom
Str. Armeneasca 28/1, office 1, Chisinau MD-2012, Republic of Moldova, Europe
Printed at: see last page
ISBN: 978-620-7-92102-7

Dedicação

Aos meus queridos alunos, uma fonte inesgotável de inspiração e uma fonte de aprendizagem constante.

Aos meus colegas professores, pela sua incansável dedicação e paixão pela educação, que todos os dias procuram novas formas de acender a centelha do conhecimento nas suas salas de aula.

À minha família, pelo seu apoio incondicional e amor inabalável, que tem sido o meu pilar e o meu guia em cada passo desta jornada; especialmente ao meu filho Dorian e ao meu amado marido Mario.

E, finalmente, a todos aqueles que acreditam na transformação da educação e no poder do pensamento crítico e criativo, na esperança de que este livro contribua para a construção de um futuro melhor para os nossos alunos.

Índice

APRESENTAÇÃO 4

Capítulo 1: Avaliação da aprendizagem da matemática a partir de uma abordagem baseada em competências no ensino secundário 6

Capítulo 2: Uso da Gamificação no Ensino da Matemática pelos professores da Instituição Educacional Eloy Alfaro no terceiro trimestre do ano letivo de 2023 - 2024. 20

INOVAÇÃO MATEMÁTICA: COMPETÊNCIAS E GAMIFICAÇÃO NA SALA DE AULA

Transformar a aprendizagem da matemática através da gamificação: estratégias para uma avaliação holística

Transformar a aprendizagem da matemática através da gamificação: estratégias para uma avaliação holística

APRESENTAÇÃO

O pensamento crítico e computacional é fundamental na aprendizagem da matemática, influenciando significativamente o desenvolvimento de competências matemáticas e a satisfação dos alunos. No entanto, a falta de clareza nos documentos curriculares sobre a implementação destas competências afecta o desenvolvimento dos alunos. A abordagem STEAM, com a sua inclusão e multidimensionalidade, destaca a importância de integrar o pensamento lógico-formal e a matemática para promover o pensamento crítico e ligar os alunos a várias disciplinas académicas.

Este livro também aborda um estudo centrado na descrição da forma como os professores da Instituição Educativa Eloy Alfaro utilizam a gamificação para ensinar matemática às crianças. Identificou as técnicas que utilizam e explorou os benefícios desta estratégia no processo de ensino e aprendizagem. A gamificação, ao incorporar elementos de jogos na educação, procura tornar a experiência de aprendizagem mais envolvente e participativa, melhorando significativamente o desempenho académico dos alunos. Esta estratégia cria uma dinâmica positiva com a disciplina, desperta o interesse pela matemática e aumenta a capacidade de resolução de problemas no contexto em que os alunos se desenvolvem.

Este livro explora a integração de abordagens inovadoras como o STEAM e a gamificação, destacando a forma como podem transformar o ensino da matemática. Ao combinar o pensamento crítico e computacional com técnicas de gamificação, o objetivo é proporcionar aos alunos uma educação mais completa e significativa, alinhada com os desafios do século XXI. Os estudos apresentados fornecem uma panorâmica detalhada das práticas educativas actuais e oferecem recomendações para melhorar o ensino e a aprendizagem da matemática através de abordagens inclusivas e multidisciplinares.

PELO AUTOR

Yadira Tatiana Suárez Folleco

Mestrado em Educação e Projectos de Desenvolvimento com uma Abordagem de Género - Universidad Central del Ecuador

Licenciatura em Ciências da Educação, especialização em Matemática e Física - Universidad Central del Ecuador

Investigador independente

yadira9tatiana@gmail.com

https://orcid.org/0009-0002-0639-2722

Capítulo 1: Avaliação da aprendizagem da matemática a partir de uma abordagem baseada em competências no ensino secundário

Resumo

Este estudo aborda a transformação do ensino e da avaliação da matemática no sentido de uma abordagem baseada em competências. Esta mudança responde à necessidade de um ensino mais abrangente e aplicado, centrado no desenvolvimento de competências, conhecimentos e atitudes que permitam aos alunos enfrentar eficazmente os desafios da vida quotidiana e do mundo do trabalho. A avaliação tradicional em matemática, dominada por testes escritos, é complementada por métodos mais variados e flexíveis, como testes de desempenho, portefólios, projectos, observação direta e rubricas. Estes instrumentos permitem avaliar não só o produto final, mas também o processo de raciocínio e as competências aplicadas pelo aluno. A aplicação de uma avaliação baseada nas competências implica uma mudança no papel do professor, que deve atuar como facilitador da aprendizagem, e coloca desafios em termos de normalização e comparabilidade dos resultados. A investigação baseou-se numa revisão exaustiva da literatura científica e académica relacionada, utilizando uma abordagem documental qualitativa. Os resultados sugerem que a avaliação da matemática com base nas competências permite uma maior flexibilidade, adaptabilidade às necessidades individuais dos alunos e uma visão mais abrangente da aprendizagem, promovendo uma aprendizagem mais significativa e duradoura.

Introdução

O ensino secundário é uma fase crucial no desenvolvimento académico e pessoal dos alunos. Durante este período, são lançadas as bases para o pensamento crítico, a resolução de problemas e a aplicação de conhecimentos em situações reais. Neste contexto, a matemática desempenha um papel fundamental, não só como disciplina em si mesma, mas também como ferramenta essencial para outras áreas do conhecimento. No entanto, a forma como esta disciplina é ensinada e avaliada tem sido objeto de debate e reflexão nas últimas décadas. A avaliação das aprendizagens matemáticas a partir da abordagem por competências surge como resposta à necessidade de um ensino mais abrangente e aplicado (Castrillo, 2022).

A abordagem baseada em competências no ensino procura desenvolver nos alunos um conjunto de capacidades, conhecimentos e atitudes que lhes permitam enfrentar eficazmente os desafios da vida quotidiana e do mundo do trabalho. No caso da matemática, isso implica ir além da memorização de fórmulas e procedimentos para se concentrar na capacidade de resolver problemas, raciocinar logicamente, comunicar ideias matemáticas e aplicar conceitos em contextos variados (Quiñones Ramírez, Zárate-Ruiz, Miranda-Aburto, & Sosa Celi, 2021).

Tradicionalmente, a avaliação em matemática tem sido dominada por testes escritos que dão prioridade à reprodução de procedimentos e à obtenção de resultados correctos. No entanto, a avaliação baseada em competências exige métodos mais variados e flexíveis que permitam avaliar não só o produto final, mas também o processo de raciocínio e as competências aplicadas pelo aluno.

Entre as estratégias de avaliação mais utilizadas nesta abordagem encontram-se os testes de desempenho, os portefólios, os projectos, a observação direta e as rubricas. Esses instrumentos permitem ao professor obter uma visão mais completa da aprendizagem do aluno, avaliando aspectos como criatividade, raciocínio, capacidade de argumentação e aplicação do conhecimento em novas situações (Moncini Marrufo & Pirela Espina, 2021).

A implementação da avaliação baseada nas competências em matemática implica também uma mudança no papel do professor, que deve adotar uma atitude mais flexível e aberta, actuando como facilitador da aprendizagem e não como transmissor de conhecimentos. Isto exige uma formação contínua e um empenhamento na inovação pedagógica.

Por outro lado, a avaliação baseada nas competências coloca desafios em termos de normalização e comparabilidade dos resultados. A diversidade dos métodos e instrumentos de avaliação pode dificultar a normalização dos critérios de classificação e a interpretação dos resultados. Por conseguinte, é necessário estabelecer quadros de referência claros e consensuais para orientar a avaliação e garantir a equidade e a objetividade (Salcedo Rodríguez & Prez Vázquez, 2020).

Neste sentido, o principal objetivo desta investigação é identificar e analisar as estratégias, ferramentas e desafios associados a esta modalidade de avaliação. Procura compreender como esta abordagem está a ser implementada em diferentes contextos educativos, que impacto está a ter na aprendizagem dos alunos e como estão a ser abordados os desafios que surgem na sua implementação. Esta revisão fornecerá aos educadores, investigadores e decisores políticos um quadro sólido para a tomada de decisões e a melhoria contínua das práticas de avaliação em matemática.

Metodologia

A metodologia utilizada baseou-se numa investigação documental de carácter qualitativo. Foi realizada uma revisão bibliográfica exaustiva da literatura científica e académica relacionada com o tema, consultando artigos em revistas especializadas, livros, relatórios de investigação e documentos de política educativa (Hernández-Sampieri, Fernández-Collado, & Batista-Lucio, 2017). Foram seleccionados os documentos que forneciam informação relevante e pertinente para o estudo, dando prioridade aos trabalhos que abordavam especificamente a avaliação das aprendizagens matemáticas no contexto do ensino secundário e a partir de uma abordagem baseada em competências.

Posteriormente, procedeu-se a uma análise de conteúdo qualitativa dos documentos seleccionados, identificando os principais temas, conceitos e argumentos relacionados com a avaliação por competências em matemática. Foi dada especial atenção às estratégias de avaliação propostas, aos desafios mencionados e aos resultados obtidos em diferentes contextos educativos. A partir desta análise, os resultados foram sintetizados e foram estabelecidas ligações entre as diferentes fontes, discutindo as implicações destes resultados para a prática educativa e identificando possíveis áreas de melhoria e linhas de investigação futuras.

Resultados

O Quadro 1 apresenta uma seleção de estudos relacionados com o ensino e a aprendizagem da matemática no ensino secundário, centrando-se em diferentes estratégias e ferramentas para o desenvolvimento de competências matemáticas. Segue-se uma análise dos estudos apresentados:

Quadro 1: Seleção de artigos para análise

	Título	**Autores**	**Ligação**
1.	Ensino e aprendizagem flexíveis da matemática no ensino secundário rural	Vilchez Guizado, J., & Ramón Ortiz, J. Angela (2022)	https://doi.org/10.21 556/edutec.2022.80. 2431
2.	Sala de aula invertida: implicações para o desenvolvimento de competências matemáticas no ensino secundário.	Vilchez Guizado, Jesús, & Ramón Ortiz, Julia Ángela (2020).	http://scielo.sld.cu/s cielo.php?script=sci _arttext&pid=S 1990 ‑8644202000050022 5&lng=pt&tlng=pt.
3.	Quizizz no desenvolvimento de competências matemáticas em alunos do ensino secundário: Uma revisão teórica.	Farfán-Pimentel, J. F., Valdez-Asto, J. L., Serveleon-Quincho, F., Asto-Huamaní, A. Y., Carreal-Sosa, C. L., & Farfán-Pimentel, D. E. (2023).	https://doi.org/10.37 811/cl_rcm.v7i2.554 1
4.	Processo de pensamento crítico e computacional na aprendizagem da matemática	Ramón Ortiz, J. Angela, & Vilchez Guizado, J. (2023).	https://revistaprismasocial.es/ article/vie w/4776

5.	Fundamentos teóricos para o desenvolvimento de competências matemáticas no Ensino Básico Secundário	Gómez-Moreno, F. (2023).	https://doi.org/10.62 697/rmiie.v2i1.27
6.	Pensamento lógico-matemático análise do modelo de avaliação STEAM para o desenvolvimento das competências matemáticas	Manuela Angélica Mamani García, Gloria Martínez Gonzales, Jesús María Mamani García de Quedena, Araceli Elizabeth Montero Carcelén (2023).	https://dialnet.unirio j a.en/servlet/article ?code=8827077
7.	Plataformas virtuais no desenvolvimento de competências matemáticas em alunos do 3º ano do ensino secundário.	Iglesias Albarrán, L. M., Pascual Gómez, I., & Arteaga-Martínez, B. (2020).	https://doi.org/10.55 85/dialogia.n36.182 79

Fonte: elaboração própria

O estudo "Flexible teaching and learning of mathematics in rural secondary education", de Vilchez Guizado e Ramón Ortiz (2022), centra-se na análise das implicações do ensino flexível da matemática no desempenho da aprendizagem dos alunos do quinto ano do ensino secundário em contextos rurais na província de Huánuco, Peru, durante o ano de 2021, um período marcado pela pandemia da COVID-19. A investigação adopta uma abordagem mista, utilizando um desenho não experimental e uma estratégia de triangulação simultânea para recolher e analisar dados quantitativos e qualitativos.

Os resultados indicam que a maioria dos alunos (72%) ficou satisfeita com o ensino flexível recebido, e mais de 67% alcançaram níveis de sucesso esperados e excelentes na aprendizagem dos conteúdos matemáticos ensinados de forma personalizada. O ensino flexível, que combina as modalidades presencial e virtual (síncrona e assíncrona), foi percepcionado de forma positiva tanto pelos alunos como pelos professores, que destacaram a sua adaptabilidade às necessidades individuais e a sua capacidade de motivar o interesse e facilitar a aprendizagem.

O estudo revela que o ensino flexível está diretamente relacionado e influencia positivamente o processo de aprendizagem da matemática em alunos do ensino secundário rural. Os resultados sugerem que esta modalidade de ensino permite uma maior flexibilidade na gestão do tempo, na utilização de recursos digitais e na adaptação às condições socioculturais e geográficas dos alunos. Além disso, destaca-se a importância do acompanhamento e apoio personalizado do professor no processo de aprendizagem.

Outro estudo de Vilchez Guizado e Ramón Ortiz (2020) centra-se na análise da eficácia do modelo didático da sala de aula invertida no processo de ensino-aprendizagem da matemática em alunos do quinto ano do ensino secundário. A investigação adopta uma abordagem mista, utilizando um desenho pré-experimental para aplicar o modelo de sala de aula invertida durante o desenvolvimento de conteúdos curriculares de matemática com actividades dentro e fora da sala de aula.

Os resultados obtidos com o modelo didático confirmam a sua eficácia para a aprendizagem da matemática, com mais de 65% dos estudantes a obterem resultados excelentes a bons de acordo com a rubrica de avaliação. Além disso, mais de 70% dos participantes mostraram plena satisfação com a estratégia didática. A competência matemática dos alunos através da sala de aula invertida é considerada de nível superlativo, e o nível de satisfação com a aprendizagem alcançada e as competências matemáticas desenvolvidas foi gratificante.

A sala de aula invertida caracteriza-se por uma reorganização dos tempos e espaços de aprendizagem, em que o tempo dedicado às aulas expositivas é deslocado para fora da sala de aula e o tempo de aula é utilizado para actividades que exigem uma participação mais ativa dos alunos. Este modelo pedagógico procura facilitar a participação dos alunos na aprendizagem baseada em actividades e incentivar a exploração, a articulação e a aplicação de ideias durante o tempo de aula.

Na mesma linha, o estudo de Farfán-Pimentel et al. (2023) aborda a relevância da incorporação de ferramentas tecnológicas no processo de ensino-aprendizagem para o tornar mais dinâmico, criativo e inovador. Em particular, centra-se na aplicação Quizizz, uma ferramenta que permite aos alunos aprender de uma forma lúdica e motivadora, desenvolvendo competências e capacidades matemáticas essenciais para a vida quotidiana. A investigação é de natureza teórica e baseia-se no método de análise e síntese, recorrendo a uma pesquisa exaustiva de materiais como relatórios de teses, artigos científicos, literatura especializada, bases de dados e plataformas de informação relacionadas com o tema de estudo. O principal objetivo é analisar a estratégia Quizizz no desenvolvimento de competências matemáticas em alunos do ensino secundário.

Os resultados da revisão da literatura indicam que o uso do Quizizz como ferramenta pedagógica em ambientes virtuais facilita o desenvolvimento de habilidades matemáticas em alunos do ensino fundamental e médio. É de salientar que esta ferramenta promove uma cultura de avaliação constante e permite um feedback formativo por parte do professor, gerando um processo de melhoria contínua no aluno.

O estudo "Processo de pensamento crítico e computacional na aprendizagem da matemática no ensino secundário" de Ramón Ortiz e Vilchez Guizado (2023) centra-se na análise da incidência do pensamento crítico e computacional na aprendizagem de conceitos e procedimentos matemáticos em alunos do ensino secundário. A investigação adopta uma abordagem mista, combinando métodos qualitativos e quantitativos, e utiliza um desenho não experimental. Os instrumentos de recolha de dados incluem um questionário do tipo Likert e um teste cognitivo, e a análise de dados é efectuada com recurso à estatística descritiva.

Os resultados do estudo mostram um desenvolvimento sustentado do pensamento crítico e computacional dos alunos durante as actividades de aprendizagem da matemática, expresso na fluência da manipulação de conceitos e de procedimentos lógicos na resolução de problemas. Estatisticamente, foi encontrada uma correlação entre o nível de aprendizagem atingido e o desenvolvimento do pensamento crítico e computacional, com valores de 0,545 e 0,823, respetivamente.

O estudo conclui que o pensamento computacional e crítico desenvolvido pelos alunos do ensino secundário influencia significativamente a sua aprendizagem e o desenvolvimento de competências matemáticas, com implicações no seu nível de satisfação com os seus resultados académicos e pessoais. Esta investigação realça a importância da integração do pensamento crítico e computacional no processo de ensino-aprendizagem da matemática no ensino secundário para melhorar a aprendizagem dos alunos e o desenvolvimento de competências matemáticas.

O artigo de Fabio Gómez-Moreno (2023) apresenta uma exploração dos princípios teóricos que sustentam o processo de ensino e aprendizagem da matemática no Ensino Básico Secundário, particularmente na Colômbia. São analisadas as competências matemáticas e a forma como são desenvolvidas neste processo educativo, com base nas teorias relevantes e na regulamentação educativa colombiana.

O autor salienta a importância de relacionar os conteúdos de aprendizagem da matemática com a vida quotidiana dos alunos através de situações problemáticas, embora assinale que as orientações curriculares colombianas não fornecem directrizes claras para estimular o interesse dos alunos pela pluralidade de conhecimentos e a sua ligação com o sector produtivo. Este facto, segundo Gómez-Moreno, não favorece o desenvolvimento humano, social e tecnológico, nem contribui para a inclusão dos alunos na resolução de problemas do seu contexto.

As Normas de Competências Básicas, construídas a partir das Orientações Curriculares, estabelecem os parâmetros do que cada aluno deve saber e fazer para atingir um nível de qualidade esperado na sua formação matemática. No entanto, o autor critica o facto de estas competências não estarem claramente enunciadas no documento, o que dificulta a sua implementação na planificação curricular.

Gómez-Moreno analisa também outros documentos orientadores, como os Direitos Básicos de Aprendizagem, a Matriz de Referência e as Grelhas de Aprendizagem, salientando que, embora estejam orientados para o desenvolvimento de competências matemáticas, se centram nos conteúdos matemáticos sem abordar suficientemente os aspectos atitudinais ou o "saber ser".

O autor conclui que, embora o sistema educativo colombiano esteja orientado para o desenvolvimento de competências matemáticas, os documentos curriculares não fornecem orientações claras sobre como alcançar este objetivo, afectando significativamente o desenvolvimento de competências matemáticas nos alunos do Ensino Básico Secundário.
Do mesmo modo, o estudo "Logical-Mathematical Thinking: Review of the STEAM assessment model to develop mathematical competencies" de Mamani García et al. (2023) analisa o desenvolvimento de competências matemáticas em alunos do ensino secundário utilizando um modelo de avaliação baseado na abordagem STEAM (Science, Technology, Engineering, Art and Mathematics). A investigação salienta a importância de integrar o pensamento lógico-formal e a matemática para promover o pensamento crítico e ligar os alunos a várias disciplinas académicas.

O modelo de avaliação proposto é multidimensional, estocástico e de natureza inclusiva, englobando aspectos como a gamificação, a aprendizagem baseada em projectos, a aprendizagem baseada em problemas e a engenharia didática. Estas estratégias pedagógicas são sustentadas por teorias de aprendizagem socioculturais e dialógicas, com uma abordagem de avaliação formativa que dá ênfase à avaliação para a realização do potencial dos alunos.

O estudo conclui que o pensamento computacional e crítico desenvolvido pelos alunos do ensino secundário influencia significativamente a sua aprendizagem e o desenvolvimento de competências matemáticas, com implicações no seu nível de satisfação com os seus resultados académicos e pessoais. A investigação salienta a importância de integrar o pensamento crítico e computacional no processo de ensino-aprendizagem da matemática no ensino secundário para melhorar a aprendizagem dos alunos e o desenvolvimento de competências matemáticas.

Por outro lado, a investigação de Iglesias Albarrán, Pascual Gómez e Arteaga-Martínez (2020) analisa a adaptação à aprendizagem totalmente digital numa escola secundária no sul de Espanha durante o confinamento da pandemia da COVID-19. Centra-se na aprendizagem da álgebra em alunos de 14-15 anos de idade, utilizando estratégias metacognitivas e materiais digitais para promover a autonomia e a comunicação professor-aluno. Os resultados indicam que os alunos excederam os critérios de avaliação e que a conceção facilitou um feedback ótimo durante o processo de ensino-aprendizagem. O estudo salienta a importância de adaptar o ensino a contextos digitais e de utilizar estratégias metacognitivas para melhorar a aprendizagem da álgebra no ensino secundário.

Conclusões

A investigação sobre a avaliação da aprendizagem da matemática a partir da abordagem baseada nas competências no ensino secundário revela que a adaptabilidade e a personalização do ensino são cruciais para satisfazer as necessidades individuais dos alunos. Modelos pedagógicos inovadores, como a sala de aula invertida, provaram ser eficazes para melhorar a aprendizagem da matemática, incentivando a participação e o desenvolvimento de competências de alto nível. A integração da tecnologia, nomeadamente de ferramentas como o Quizizz, facilita o desenvolvimento de competências matemáticas em ambientes virtuais, promovendo uma cultura de avaliação constante e de feedback formativo.

O pensamento crítico e computacional é fundamental na aprendizagem da matemática, influenciando significativamente o desenvolvimento de competências matemáticas e a satisfação dos alunos. No entanto, a falta de clareza nos documentos curriculares sobre a implementação das competências matemáticas afecta o desenvolvimento destas competências nos alunos. A abordagem STEAM, com a sua inclusividade e multidimensionalidade, destaca a importância de integrar o pensamento lógico-formal e a matemática para promover o pensamento crítico e ligar os alunos a várias disciplinas académicas.

A adaptação a ambientes de aprendizagem totalmente digitais é possível e pode facilitar um feedback ótimo e o cumprimento dos critérios de avaliação, especialmente em situações de confinamento como a pandemia de COVID-19. Em conclusão, a avaliação da aprendizagem matemática a partir da abordagem baseada em competências promove uma aprendizagem mais significativa e duradoura, adaptando-se às necessidades e contextos específicos dos aprendentes. É necessário continuar a investigar e a desenvolver estratégias pedagógicas e de avaliação que promovam o desenvolvimento integral das competências matemáticas dos alunos.

Referências bibliográficas

Castrillo, C. J. H. (2022). Metodologias para a aprendizagem por competências de Equações Diferenciais aplicadas à Física no uso da tecnologia no curso de Física Matemática. Revista Torreón Universitario, 11(32).

Farfán-Pimentel, J. F., Valdez-Asto, J. L., Serveleon-Quincho, F., Asto-Huamaní, A. Y., Carreal-Sosa, C. L., & Farfán-Pimentel, D. E. (2023). Quizizz no desenvolvimento de competências matemáticas em alunos do ensino secundário: Uma revisão teórica. *Ciencia Latina Revista Científica Multidisciplinar, 7*(2), 2987-3005.
https: //doi.org/10.37811/cl rcm.v7i2.5541

García, M. A. M. M., Gonzales, G. M. M., de Quedena, J. M. M. M. G., & Carcelén, A. E. M. (2023). Pensamento lógico-matemático: revisão do modelo de avaliação STEAM para desenvolver competências matemáticas. Revista de filosofia, 40(103), 83-98.

Gómez-Moreno, F. (2023). Fundamentos teóricos del desarrollo de competencias matemáticas en la Educación Básica Secundaria. *Revista Mexicana De Investigación E Intervención Educativa, 2*(1), 5-15.
https://doi.org/10.62697/rmiie.v2i1.27

Hernández-Sampieri, R., Fernández-Collado, C., & Batista-Lucio, P. (2017). Diferenças entre abordagens quantitativas e qualitativas.

Iglesias Albarrán, L. M., Pascual Gómez, I., & Arteaga-Martínez, B. (2020). Aprendizagem da álgebra no Ensino Secundário: estratégias metacognitivas a partir da tecnologia digital. *Dialogia,* (36), 49-72.
https://doi.org/10.5585/dialogia.n36.18279 127

Moncini Marrufo, R., & Pirela Espina, W. (2021). Estratégias de ensino virtual utilizadas com alunos do ensino superior para uma aprendizagem significativa. SUMMA, 3(1), 1-28. https://doi.org/10.47666/summa.3.1.13

Quiñones Ramírez, Leonela, Zárate - Ruiz, Gustavo, Miranda - Aburto, Elder, & Sosa Celi, Paul (2021). Abordagem por competências (CE) e avaliação formativa (EF). Caso: Escola rural. *Propósitos y Representaciones, 9*(1), e1036. https://dx.doi.org/10.20511/pyr2021.v9n1.1036

Ramón Ortiz, J. Ángela, & Vilchez Guizado, J. (2023). Processo de pensamento crítico e computacional na aprendizagem da matemática no ensino secundário. *Revista Prisma Social,* (41), 194-211. Recuperado de https://revistaprismasocial.es/article/view/4776

Salcedo Rodríguez, Medalit Nieves, & Prez Vázquez, Mateo Dolores (2020). Relação entre inteligência emocional e habilidades matemáticas em alunos do ensino médio. Mendive. Revista de Educação, 18(3), 618-628. Epub 02 de setembro de 2020. Recuperado em 28 de março de 2024, de http://scielo.sld.cu/scielo.php?script=sci arttext&pid=S 1815-76962020000300618&lng=es&tlng=es.

Vilchez Guizado, J., & Ramón Ortiz, J. Ángela (2022). Ensino e aprendizagem flexíveis da matemática no ensino secundário rural. *Edutec. Revista Eletrónica de Tecnologia Educativa,* (80). https://doi.org/10.21556/edutec.2022.80.2431

Vilchez Guizado, Jesús, & Ramón Ortiz, Julia Ángela (2020). Classe invertida: implicações no desenvolvimento de competências matemáticas no ensino secundário. *Conrado, 16(76),* 225-233. Epub 02 de outubro de 2020. Recuperado em 28 de março de 2024, de http://scielo.sld.cu/scielo.php?script=sci arttext&pid=SiQQo-86442020000500225&lng=es&tlng=es.

Capítulo 2: Uso da Gamificação no Ensino de Matemática pelos professores da Instituição Educacional Eloy Alfaro no terceiro trimestre do ano letivo de 2023 - 2024.

Resumo

A investigação centrou-se na utilização da gamificação como uma estratégia eficaz no ensino da matemática para os professores da instituição Eloy Alfaro. Os objectivos incluíam a descrição do uso de estratégias gamificadas, a identificação de técnicas específicas e a análise dos benefícios da gamificação. Os resultados evidenciaram uma elevada consistência no instrumento utilizado, que incluiu inquéritos aplicados e analisados com recurso ao software estatístico SPSS. Verificou-se que uma percentagem significativa de professores relaciona as experiências de aprendizagem com a gamificação, o que reflecte um planeamento contextualizado no ambiente educativo e um foco nos alunos. Após a conceção de sistemas gamificados, os professores referiram um aumento dos resultados académicos em Matemática. A frequência de utilização de experiências gamificadas na sala de aula foi notável, com 39,2% dos professores a reportarem uma melhoria na competência de resolução de problemas dos seus alunos no final da estratégia. Concluiu-se que a gamificação é uma dinâmica essencial para a aprendizagem na sala de aula de Matemática.

Introdução

Atualmente, a educação está a emergir de um mundo cada vez mais dinâmico com novas tecnologias, que oferecem oportunidades únicas para transformar os métodos tradicionais de ensino e aprendizagem. A gamificação, enquanto estratégia inovadora, procura envolver os alunos de forma ativa e consciente no seu processo de aprendizagem, especialmente na disciplina de Matemática.

Este estudo centra-se na descrição da utilização da gamificação no ensino da matemática pelos professores da Instituição Educativa Eloy Alfaro no terceiro trimestre do ano letivo de 2023-2024. Esta instituição procura melhorar a qualidade da educação e a incorporação da gamificação é o primeiro passo para este progresso; baseia-se em estudos:

O trabalho de investigação realizado por Culqui (2023) com o objetivo de conceber uma estratégia metodológica através da gamificação para reforçar o processo de reforço académico na disciplina de Matemática para crianças dos 5 aos 9 anos de idade. Pesquisa descritiva, com uma abordagem qualitativa-quantitativa, onde foram aplicadas técnicas de pesquisa bibliográfica e de campo com a utilização de uma ficha de observação e um inquérito a 30 alunos do centro educativo.

A proposta de gamificação de León (2022) em uma unidade didática na disciplina de matemática com alunos do 6º ano do EGB. A investigação centrou-se na conceção de uma proposta de gamificação para a área da matemática para alunos do 6º ano do EGB, realizando um workshop composto por 7 sessões de 5 horas cada, em 7 semanas. Com o objetivo de alcançar o crescimento, a atualização docente e a satisfação dos envolvidos no projeto integrador; para tal, foi realizada uma proposta de intervenção com uma avaliação final.

O estudo realizado em Santo Domingo, Equador, por Vásquez (2021), uma pesquisa quantitativa com desenho transversal aplicado, correlacional e não-experimental, utilizou o método dedutivo através da aplicação de questionários, um para a variável gamificação e outro para a variável padrões de aprendizagem; testando a hipótese do estudo, que afirma que a gamificação tem uma influência positiva na aprendizagem da matemática dos alunos do 8º, 9º e 10º anos.

A investigação sobre Competências transversais no contexto educativo universitário: pensamento crítico a partir dos princípios da gamificação, escrita por Polo, Ramírez, Hinojosa e Castañeda (2022) este estudo pré-experimental, descritivo e correlacional, com caraterização do tema; tem como objetivo implementar a gamificação como uma estratégia que permite a incorporação de novas práticas educativas na sala de aula para aumentar a motivação e o empenho dos estudantes, para elevar o pensamento crítico como uma inovação educativa para os estudantes universitários através da aprendizagem baseada em problemas.

Através deste trabalho de investigação esperamos descrever a utilização da gamificação no ensino da matemática pelos professores da instituição de ensino, identificar as técnicas de gamificação utilizadas pelos professores no ensino da matemática e analisar os benefícios da aplicação da gamificação no processo de ensino-aprendizagem da disciplina, promovendo a utilização efectiva desta estratégia como recurso educativo.

O ensino da matemática enfrenta grandes barreiras, como o baixo nível de motivação dos alunos, o desinteresse pela aprendizagem da disciplina e os hábitos de estudo de cada aluno. A gamificação aplica elementos dos jogos no contexto educativo, adapta-os e oferece uma forma de facilitar experiências de aprendizagem mais atractivas, interactivas, participativas, colaborativas e enriquecedoras, através de competições, desafios, recompensas e jogos. A gamificação contribui para o desempenho académico, formativo e pessoal dos alunos.

1.1. Gamificação

Dos vários conceitos de gamificação, é pertinente tomar a definição de García, F., Cara, J.F., Martínez, J.A., e Cara, M.M., (2020) que concluem que "esta metodologia predispõe os alunos a participar, encorajando as suas capacidades e competências. É uma ferramenta muito poderosa que muda completamente a perspetiva da escola tradicional e redefinc o processo educativo. A partir da sua implementação, o processo centra-se nas necessidades dos seus consumidores, neste caso os alunos" (p. 18). Na sua ausência, pode afirmar-se que a gamificação no contexto do ensino é uma ferramenta que é utilizada para complementar e melhorar os métodos de ensino desactualizados de anos passados.

1.1.1. A gamificação como técnica de ensino-aprendizagem

López (2019) salienta que "em conclusão, é essencial compreender o importante papel dos jogos e da gamificação como técnica de ensino e aprendizagem e como facilitador das competências necessárias para o desenvolvimento pessoal, profissional e integral dos seres humanos, e incentivar o jogo desde cedo na infância e ao longo do desenvolvimento e crescimento dos seres humanos. Se é verdade que as necessidades de cada indivíduo são diferentes, também é verdade que, independentemente da idade do ser humano, ele precisa de brincar, sendo uma necessidade e um direito desde o momento em que nasce, tornando-se uma ferramenta para facilitar a aquisição de conhecimentos significativos e a compreensão do ambiente" (p. 9).

Do exposto pode descrever-se que a gamificação é uma técnica que utiliza elementos de jogos, não lúdicos em alguns ambientes e por isso as actividades são mais atractivas e divertidas, são estimulantes para as crianças em idade precoce e tornam o seu desempenho escolar favorável, incentivando a aprendizagem autónoma, o pensamento crítico, a resolução de problemas e o trabalho em equipa; incentiva o estudo ativo, as respostas instantâneas, aumenta a segurança, a confiança e reforça a sua personalidade.

1.1.2. Gamificação e pedagogia do ensino

O desempenho dos professores desempenha um papel fundamental no processo educativo. A este respeito, Hernández-Peñaranda, J. O., Jaramillo-Benitez, J., & Rincón-Leal, J. F. (2020) "os professores do século XXI devem utilizar o poder pedagógico da gamificação, que é, sem dúvida, um recurso valioso para seduzir o aluno na aprendizagem da matemática e, ao mesmo tempo, aceitar o desafio da inovação educacional, tendo em conta que a gamificação requer a criação de uma narrativa que orienta o objetivo do processo de ensino-aprendizagem que se pretende na sala de aula" (p. 33). O compromisso do professor é ser claro sobre o que quer alcançar ao integrar a gamificação como um complemento à pedagogia no ensino, definir objectivos de aprendizagem, uma variedade de elementos de gamificação apropriados, conceber um planeamento com possibilidades de avaliação destas adaptações e, acima de tudo, ter cuidado para não utilizar demasiado este recurso.

1.2. Elementos de gamificação

Segundo Chaves Yuste (2019) "as dinâmicas são elementos que estão presentes em quase todos os jogos e representam o nível mais alto de abstração, as mecânicas são elementos mais específicos que envolvem ações detalhadas e direcionam os jogadores para a direção desejada para atingir os objetivos estabelecidos e por outro lado os componentes são elementos necessários para o funcionamento da mecânica do jogo" (p. 2). Estes elementos tornam o processo de ensino-aprendizagem mais envolvente e eficaz.

Podem ser propostos elementos dinâmicos, como desafios, competições, colaborações, reforço académico, feedback que motivem a melhoria do desempenho escolar; por outro lado, é adequado adaptar elementos mecânicos na avaliação das actividades escolares, como pontos por completar tarefas ou participar nas aulas, distintivos para reconhecer realizações ou progressos importantes, classificações para comparar o progresso dos alunos e recompensas por atingir objectivos. Os componentes de gamificação referem-se à estética dos jogos, ou seja, o design, a interface, as imagens, o som, etc. Estes componentes tornam a experiência mais atractiva e relevante.

1.3. Características de gamificação

Durante os últimos anos de prática docente na sala de aula, é possível descrever os múltiplos erros por parte dos professores, no início a falta de experiência torna-os mais comuns, depois com a prática é possível compreender que uma das lacunas é a diminuição do estímulo nos primeiros anos de aprendizagem, onde a criatividade, o desenvolvimento da motricidade fina, os exercícios de relaxamento, os exercícios psicomotores básicos para a escrita, a motivação intrínseca e a aprendizagem significativa para a concentração nas áreas da lógica e da matemática tinham primazia; depois algo muda no processo de ensino das crianças nos primeiros anos escolares e na sua ordem de avanço, deixam de brincar de aprender e há este divórcio no caminho, assim como Ardila-Muñoz, J. Y (2019). Ele aponta como características:

A gamificação adapta elementos da conceção de jogos para serem implementados em situações que não são de jogo, como a educação. Desta forma, procura criar ambientes de aprendizagem divertidos e voluntários. A gamificação baseia-se em influenciar o comportamento ou a atitude das pessoas; no caso da educação, procura aumentar o empenho dos alunos na sua aprendizagem. Para tal, recorre à definição de regras, tarefas de acompanhamento e feedback positivo (p. 79).

1.4. Benefícios da gamificação

A rdila-Muñoz, J. Y. (2019). Este refere que "a gamificação na educação traz benefícios como um maior controlo e monitorização das ações que os alunos realizam; as atividades de avaliação perdem o seu caráter punitivo; a relação ensino-aprendizagem é caracterizada pela competitividade e cooperação, e promove a aprendizagem baseada em problemas e a aprendizagem por descoberta" (p. 79). A implementação da gamificação de uma forma correcta, concebida e pormenorizada permitirá às crianças, através do jogo, gerar competências para resolver problemas da vida real com maior habilidade e discernimento.

1.5. Gamificação e Matemática

Através do seu estudo, Aristizábal, Colorado & Gutiérrez (2016) recomendam que "tendo em conta a realidade educativa, recomenda-se que os professores proponham e adoptem estratégias pedagógicas e didácticas inovadoras no âmbito do jogo como estratégia de ensino, que conduzam ao desenvolvimento do pensamento matemático. Sugere-se dar continuidade à proposta do jogo como estratégia didática para desenvolver o pensamento numérico nas quatro operações básicas e em outras disciplinas, como uma estratégia eficaz para superar as dificuldades encontradas na educação matemática. Sugere-se que os professores da área de matemática do ensino básico apliquem estratégias que visem desenvolver o pensamento matemático nos alunos, de modo a fortalecer as competências que lhes permitam melhorar o acesso ao conhecimento" (p. 124-125).

1.5.1. Ferramentas de gamificação em matemática

Existe uma grande variedade de ferramentas de gamificação utilizadas no ensino da matemática, das quais vale a pena mencionar as seguintes:

1.5.1.1. Kahoot kids. - é uma plataforma de aprendizagem gamificada para crianças a partir dos 4 anos de idade, que oferece uma grande variedade de actividades educativas que abrangem a Matemática, a Língua e a Literatura, as Ciências Naturais e os Estudos Sociais, ajudando as crianças a aprender e a divertir-se ao mesmo tempo.

Figura 1: *Logótipo da plataforma*

Nota: Plataforma Kahoot. Retirado da Wikipédia

1.5.1.2 O Quizizz. - é uma plataforma que inclui elementos de gamificação, como pontos, distintivos e classificações, para motivar os alunos e incentivar a aprendizagem ativa.

Figura 2: *Logótipo da plataforma*

QUIZIZZ

Nota: plataforma Quizizz. Obtido do URL: https://quizizz.com/

1.5.1.3 Educaplay. - O Educaplay é uma ferramenta valiosa para os educadores que desejam criar experiências de aprendizagem envolventes e interactivas para os seus alunos.

Figura 3: *Logótipo da plataforma*

educaplay

Nota. plataforma educaplay. Recuperado de URL: https://es.educaplay.com/

1.5.1.4 Cerebriti. - uma plataforma em linha que permite aos utilizadores criar e partilhar jogos educativos, é uma excelente ferramenta para professores e alunos.

Figura 4: *Logótipo da plataforma*

Cerebriti.

Nota. plataforma cerebriti. Recuperado de URL: https://www.cerebriti.com/

1.5.1.5. Matific. - é uma plataforma de aprendizagem digital concebida para ajudar as crianças dos 4 aos 12 anos a aprender matemática de uma forma divertida e cativante. Oferece uma variedade de jogos interactivos, actividades e fichas de trabalho alinhadas com os currículos.

Figura 5: *Logótipo da plataforma*

matific

Nota: plataforma Matific. Recuperado de URL: https://www.matific.com/

1.5.1.6. Phet. - As simulações interactivas Phet são um recurso valioso para estudantes de todas as idades que procuram explorar conceitos STEM para o ensino da ciência, tecnologia, engenharia e matemática. São explicações exploratórias que permitem a interação.

Figura 6: *Logótipo da plataforma*

Nota: Plataforma PHET. Obtido do URL: https://phet.colorado.edu/es/

1.5.1.7 Nearpod. - é uma plataforma de tecnologia educativa que permite aos professores criar apresentações interactivas para os alunos, com uma grande variedade de elementos como vídeos, questionários, sondagens, imagens, experiências de realidade virtual, etc.

Figura 7: *Logótipo da plataforma*

Nota. plataforma cerebriti. Recuperado de URL: https://nearpod.com

2.1. Objeto formal

O objetivo deste estudo é descrever a utilização da Gamificação no Ensino da Matemática pelos professores da Instituição Educativa Eloy Alfaro no terceiro trimestre do ano letivo de 2023 - 2024 e a sua influência no desempenho escolar dos seus alunos, de acordo com Contreras e Eguia (2017), que concluem que "a utilização da gamificação na sala de aula é eficaz desde que seja utilizada para incentivar os alunos a progredir através do conteúdo de aprendizagem, para influenciar o seu comportamento ou acções e para gerar motivação. É possível motivar os alunos com a introdução de uma metodologia que inclui desafios, objectivos, etc. Estes elementos incentivam a participação ou a ação dos seres humanos em geral. No entanto, mesmo o contexto cultural ou as experiências anteriores têm de ser tidos em conta" (p. 16).

Da mesma forma, as vantagens da gamificação dentro do processo de ensino-aprendizagem podem ser mencionadas, cada professor deve ter em conta o processo de desenvolvimento do tema gamificado e a sua sustentabilidade ao longo do tempo, se a relevância de um início se mantiver até ao final do planeamento significa que a motivação do aluno foi elevada e que foi um sucesso, daí que a próxima coisa deve ser incluir mais competências deste tipo para reforçar o conhecimento dos alunos e manter a melhoria no seu desempenho académico.

2.2. Tipo de investigação

Devido às características da pesquisa, trata-se de um estudo descritivo da prevalência da gamificação no ensino da disciplina de Matemática, a abordagem é quantitativa devido à análise de sua única variável "gamificação no ensino", para a qual foi utilizada uma medida, ou seja, foi realizado um tratamento transversal das informações obtidas. Para a recolha de dados, foi realizada uma pesquisa retrospetiva de informação de fontes secundárias, documentando em artigos científicos locais e não locais, a observação dos autores sobre o desempenho e o ensino dos professores da instituição, recolhendo impressões do trabalho no terceiro período do ano letivo. A principal função destes estudos é especificar as propriedades, características, perfis de grupos, comunidades, objectos ou qualquer fenómeno. Os dados são recolhidos sobre a variável de estudo e medidos (Hernández-Sampieri e Mendoza, 2018). Este tipo de estudo não se dedica à manipulação da variável, mas sim à sua observação, descrição e comprovação, podendo obter-se vários resultados.

2.3. Conceção da investigação

Ao nível descritivo, este estudo é não-experimental, pois determina as características e elementos importantes dos intervenientes no processo, neste caso os professores, e com base nisso a metodologia aplicada ao seu desempenho docente no ensino da disciplina de Matemática com a estratégia de gamificação, por sua vez pode dizer-se que é uma investigação correlacional pois procura analisar os benefícios da aplicação da gamificação na planificação escolar e o seu impacto no desempenho académico.

2.4. Domínio de estudo

A população era constituída por 28 pessoas, entre professores, pessoal administrativo e de serviço do estabelecimento de ensino Eloy Alfaro. Não foi necessária uma amostra porque foi estudada toda a população, ou seja, os 28 professores da instituição, que leccionam a disciplina de matemática nos níveis preparatório, elementar e médio. A técnica de recolha de dados utilizada na investigação foi um inquérito, que consistiu num questionário de 23 perguntas que mediram a variável e as suas dimensões, tais como: gamificação no ensino, desempenho académico, desempenho académico, frequência de utilização, ferramentas utilizadas, competências ou aptidões desenvolvidas e estratégia de ensino a ela associada. O design do instrumento de pesquisa foi validado com 3 especialistas, o questionário está dividido em 8 secções, a secção A contém dados sociodemográficos e as secções B, C, D, E, F, G e H contêm as dimensões acima mencionadas. O instrumento utilizado neste estudo foi um formulário do Google Forms com o objetivo de obter informações sobre o tratamento da variável gamificação no ensino da matemática.

Quadro 2: Perguntas do questionário

B. Gamificação na ensino	B1. Já ouviu falar do que é a gamificação?
	B2. Utiliza alguma ferramenta tecnológica para lecionar os conteúdos na sala de aula?
	B3: Já utilizou alguma ferramenta tecnológica baseada na gamificação?
	B4: Conhece as plataformas educativas digitais para o ensino da matemática?
	B5 Planeia as suas aulas utilizando a gamificação para o ensino da matemática?
	B6 Considera benéfica a aplicação da gamificação no ensino da matemática?
C. Desempenho académico	C1 Considera que, desde que aplicou a estratégia de gamificação, aumentou a compreensão dos conceitos explicados nas aulas?
	C2 Considera que, desde que aplicou a estratégia de gamificação, o desempenho académico em Matemática aumentou?
	C3 Prefere trabalhar nas aulas de Matemática utilizando ferramentas de gamificação?
	C4. Prefere trabalhar actividades de reforço académico em Matemática utilizando ferramentas de gamificação?

D. Desempenho docente	D1: Tem um conhecimento profundo da matéria que ensina?
	D2. Os professores planeiam, organizam e avaliam eficazmente os seus alunos?
	D3. É um professor que comunica de forma clara, precisa e eficaz com os alunos, as famílias e outros profissionais da educação?
	D4. É um professor com uma atitude positiva em relação ao ensino e à aprendizagem dos seus alunos?
E. Frequência de utilização	E1: Com que frequência utiliza a gamificação no seu ensino?
F. Ferramentas utilizadas	F1. Já utilizou alguma destas plataformas digitais? Kahoot, Quizizz, Educaplay, Cerebriti, Matific, Phet ou Nearpod.
	F2 Considera que a realização de actividades de reforço académico com recurso a telemóveis, tablets e computadores facilita a aprendizagem?
	F3 Considera que as ferramentas de gamificação, tais como: avatares, distintivos, missões, desbloqueio de
	Os conteúdos, as recompensas, as tabelas de classificação e os níveis são importantes para o ensino e a aprendizagem?
G. Competências ou aptidões desenvolvidas	G1: Com a gamificação, quais as operações matemáticas que domina melhor e quais as que tinha dificuldade em ensinar antes?
	G2: Em qual das seguintes estratégias metodológicas aplicadas na área da Matemática utilizou a gamificação?

	G3 Que competências considera que foram reforçadas após a utilização da gamificação no ensino dos seus alunos?
H. Estratégia de ensino interligada	H1. As actividades de aprendizagem utilizadas na gamificação centraram-se nos seguintes aspectos: aprendizagem baseada em jogos, aprendizagem baseada em desafios, narrativa, imersiva, aprendizagem entre pares, etc.?
	H2: O professor utiliza dinâmicas relacionadas com jogos para motivar a aprendizagem na sala de aula?

Fonte: elaboração própria

De acordo com Hurtado (2000), uma das características mais relevantes do questionário é o facto de as perguntas serem feitas de forma sucinta e não exigirem a presença do investigador ou da pessoa que aplica o questionário. É importante que o questionário não seja demasiado longo, caso contrário os inquiridos podem ter resultados diferentes da realidade. Além disso, as perguntas devem ser formuladas de uma forma simples que permita ao inquirido responder no mais curto espaço de tempo possível. Este instrumento deve cumprir os requisitos de validade e fiabilidade antes de ser aplicado; por isso, uma vez validado pelos peritos, foi aplicado o teste-piloto e obteve-se um alfa de Cronbach de 0,915 com n=19 utilizando o software SPSS, com uma consistência elevada.

Uma vez aplicado o instrumento à população, foram utilizadas outras técnicas de recolha de dados, tais como: a observação como um dos processos mais eficazes para a investigação quantitativa, a documentação de fontes bibliográficas fiáveis e a análise de dados através de programas estatísticos.

Figura 8:

Estadísticas de fiabilidad

Alfa de Cronbach	N de elementos
,915	19

Fuente: software SPSS

Trabalho de campo e análise de dados

O trabalho consistiu na aplicação do instrumento concebido, uma vez validado e feitos os ajustes sugeridos pelos especialistas, depois as informações obtidas no questionário do Google Forms foram processadas com a ajuda do estatístico Excel, as informações foram analisadas e os resultados foram organizados; tudo isso levou aproximadamente 2 meses. Para a recolha de dados, foi aplicada a técnica de inquérito com uma escala de medida do tipo Likert, com uma população de 28 professores da Instituição Educativa Eloy Alfaro, na qual foram medidas as dimensões da variável única, a gamificação no ensino da disciplina de Matemática.

Para a análise dos dados, utilizou-se o software estatístico SPSS versão 26.0, analisando a matriz de dados do teste piloto, entendendo-se que o comportamento dos resultados corresponde à correlação dos itens e à elevada consistência do alfa de Cronbach, ou seja, que o estudo vai ao encontro dos objectivos definidos na investigação.

Análise quantitativa

Os resultados obtidos no inquérito revelam que 100% dos inquiridos, professores da Instituição Educativa Eloy Alfaro, responderam ao questionário. Entre as questões sobre os factores associados podemos destacar que a média de idade de um professor se situa entre os 37 anos, 7,1% corresponde à percentagem de professores do sexo masculino e 92,9% à percentagem de professores do sexo feminino, o nível académico dos professores é um elemento importante de análise, uma vez que 67,9% dos professores têm formação superior, 28,6% têm estudos de pós-graduação e 3,5% correspondem a um professor com formação secundária, por outro lado, os salários recebidos são nivelados, variando entre 600 e 1000 dólares; É de salientar que todos os professores têm acesso à internet e a aparelhos electrónicos para lecionar.

A tecnologia e os dispositivos electrónicos não são necessários para realizar experiências de gamificação no ensino; a gamificação está atualmente a ser assimilada como estratégias de jogo que devem ser incorporadas no planeamento do ensino e que devem servir para reforçar a aprendizagem prática e funcional dos alunos, especialmente numa idade precoce. A Figura 9 mostra as três áreas principais na aplicação da gamificação para a disciplina de Matemática e é importante notar que existe uma percentagem considerável de professores que relacionam experiências de aprendizagem com a gamificação. Para começar a gamificar, é necessária uma série de competências para planear a abordagem à experiência a ser gamificada, a primeira é criar o ambiente.

Figura 9:

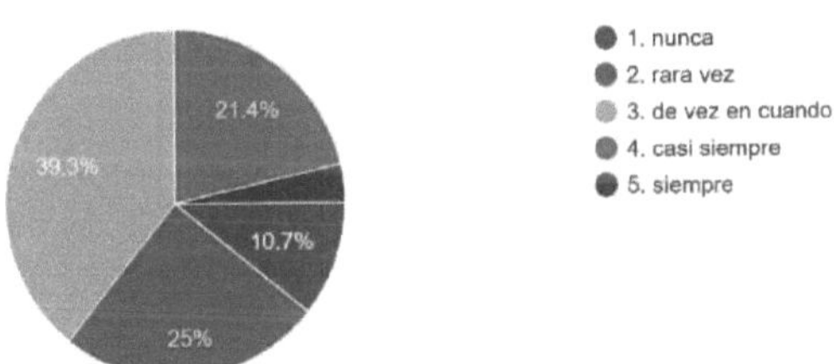

Fonte: Inquérito aos professores do estabelecimento de ensino Eloy Alfaro.

A Figura 10 mostra os dados sobre a perceção dos professores sobre os benefícios do uso da gamificação no ensino da Matemática e pode-se apontar que com um planejamento contextualizado no ambiente educacional, focando a atenção nos alunos, criando um canal de comunicação eficaz entre o professor que entrega a informação e os receptores desse contexto gamificado, obtêm-se resultados satisfatórios que beneficiam o processo, não só cognitivamente, mas também no desenvolvimento humano do aluno, gerando confiança e segurança no seu desenvolvimento pessoal.

Figura 10:

Fonte: Inquérito aos professores do estabelecimento de ensino Eloy Alfaro.

Os resultados são alcançados a partir da experiência, seleccionando os elementos certos para gamificar na disciplina, nem tudo pode ser gamificado, neste caso é necessário mencionar o sistema de avaliação para os alunos, que neste cenário são crianças de idades precoces, até aos 11 e 12 anos, onde a base do processo de formação é mais qualitativa do que quantitativa, cada professor depois de conceber um sistema, obtém um desempenho académico em Matemática que está a aumentar, graças às estratégias gamificadas utilizadas para a avaliação, o que é mostrado na figura 11.

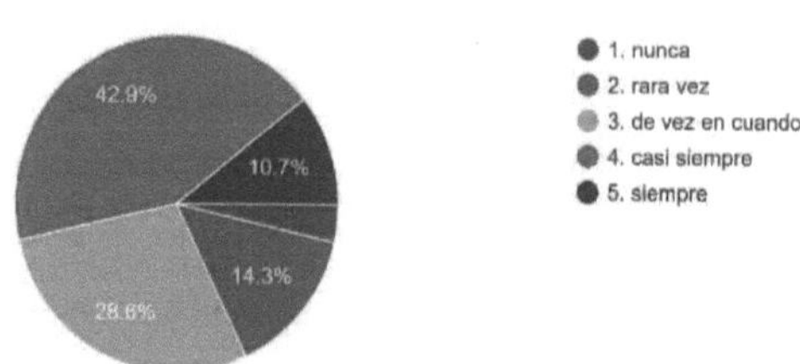

Fonte: Inquérito aos professores do estabelecimento de ensino Eloy Alfaro.

O impacto das estratégias de gamificação é relevante no processo da disciplina e a limitação mais importante neste processo é sustentar a gamificação ao longo do tempo, de mãos dadas com a motivação, é crucial fazer uma análise no início, no caminho e no final para determinar o grau de interesse dos alunos; uma garantia disso é a frequência com que trabalham usando experiências gamificadas na sala de aula, na figura 12 é evidente que os professores desta instituição o fazem todas as semanas e é um resultado que faz uma diferença significativa para este estudo.

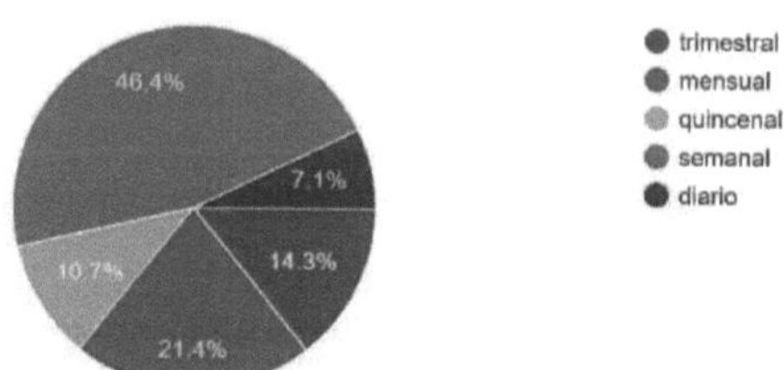

Fonte: Inquérito aos professores do estabelecimento de ensino Eloy Alfaro.

Uma das questões do questionário referia-se às competências reforçadas após a utilização da gamificação, apesar de haver respostas variadas na figura 13, verifica-se que 39,2% dos professores concordam que no final da aplicação da estratégia, os seus alunos têm um elevado nível de competência de resolução de problemas, isto reflecte que há domínio do conhecimento, ajudou a construí-lo de uma forma não convencional, a aprendizagem foi facilitada, o processo foi mais didático, foi interativo e despertou interesse e acima de tudo o objetivo foi alcançado, que era compreender melhor o mundo que os rodeia.

Figura 13:

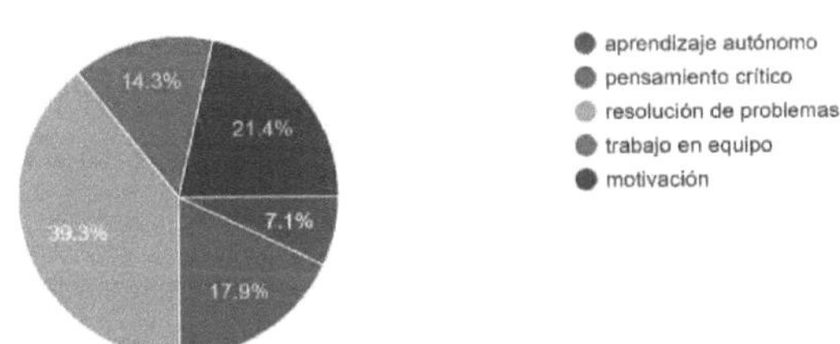

Fonte: Inquérito aos professores do estabelecimento de ensino Eloy Alfaro.

Dentre as respostas da figura 14, sobre a dinâmica relacionada aos jogos para motivar a aprendizagem, é notável a resposta com 42,9% correspondente à escala "sempre"; As percentagens que se seguem em valor nas escalas "quase sempre" e "de vez em quando" são também relevantes, indicando que em menor grau há interesse por parte do professor em envolver o jogo na sala de aula, mas não deixa de ser importante.

Figura 14:

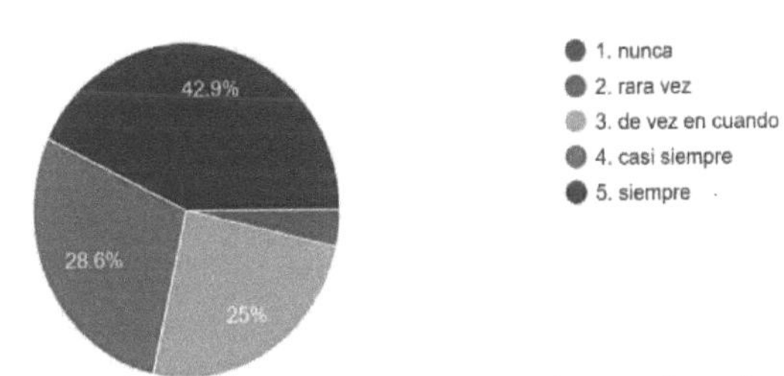

Fonte: Inquérito aos professores do estabelecimento de ensino Eloy Alfaro.

Análise qualitativa

No que respeita à influência da utilização da gamificação no ensino da matemática pelos professores da Instituição Educativa Eloy Alfaro, pode concluir-se que

- Os professores concebem um planeamento academicamente rigoroso que envolve o jogo nas suas experiências de aprendizagem.

- A estratégia de gamificação permite uma maior compreensão por parte dos alunos.

- Os professores obtêm melhores resultados de avaliação através da gamificação.

- Os alunos têm um melhor desempenho académico e um melhor processo de feedback.

- Para aproveitar melhor os benefícios da gamificação, é necessária uma utilização mais frequente.

- É necessário ultrapassar as competências embutidas no ensino de disciplinas como a Matemática, para que os alunos não só resolvam problemas, mas possam criar uma aprendizagem autónoma, desenvolver o pensamento crítico, trabalhar em equipa e manter os níveis de motivação.

- De um ponto de vista académico, o professor deve ajudar a orientar os princípios básicos nos seus alunos, o que é conseguido através da utilização de dinâmicas de aprendizagem relacionadas com jogos que permitam uma melhor inter-relação entre professor e aluno.

Discussão

Nos últimos anos, a Gamificação tem sido utilizada em múltiplas iniciativas educativas para o ensino e aprendizagem da Matemática, revelando-se uma estratégia eficaz para os alunos, longe de ser aborrecida, cria hábitos de trabalho e esforço, envolve os intervenientes e incentiva a autonomia para a resolução adequada de problemas. Este estudo tem como linha de pesquisa, o estudo da Gamificação no ensino da Matemática; pode-se mencionar que os pontos fortes do mesmo são os resultados obtidos na aplicação de seu instrumento, o que nos permitiu descrever brevemente o uso da Gamificação no ensino da Matemática pelos professores da Instituição Educacional Eloy Alfaro, que em grande parte lidam com estratégias gamificadas para suas experiências de aprendizagem.

Por outro lado, foram identificadas as técnicas de gamificação utilizadas pelos professores para ensinar, embora seja importante salientar que para uma investigação futura seria bom analisar o impacto de cada uma delas no processo de ensino e aprendizagem das crianças envolvidas, com o objetivo de obter uma perspetiva mais ampla dos benefícios da aplicação da gamificação, comparando os resultados obtidos nesta investigação e os de Culqui, Daniela (2023); pode-se apontar que as atividades gamificadas são uma alternativa viável para o processo de reforço escolar e que é favorável para crianças entre 5 e 9 anos de idade.

Para os professores que contribuíram para a pesquisa, é importante especificar que eles devem investir mais espaço em seu planejamento para atualizar seu ensino, pesquisa e design de suas aulas, a partir dos resultados pode-se ver que o nível acadêmico é maior, mas apenas uma baixa porcentagem de professores que têm um nível acadêmico de pós-graduação, isso ajudará a dar mais peso ao seu trabalho de ensino e alcançar melhores conclusões. Em seu trabalho León, Daniela (2022) estuda o crescimento dos professores e sua satisfação no trabalho, realizando uma proposta de intervenção que melhorou o nível com os resultados da avaliação final após a Gamificação em uma unidade didática em Matemática.

No estudo realizado por Ramírez María e Olmos Héctor (2020), a disciplina de matemática está incluída no currículo dos primeiros anos de estudo, desde o nível básico ao secundário, devido à sua relevância na vida de cada pessoa, tanto para cálculos e contas em si, como pela sua importância na formação de uma estrutura cerebral adequada ao raciocínio lógico que proporciona a capacidade de resolver problemas do quotidiano, e pela sua importância na formação de uma estrutura cerebral adequada ao raciocínio lógico que proporciona a capacidade de resolver problemas do quotidiano, e dado que esta não tem sido a disciplina mais apreciada ou popular, as escolas e as instituições devem passar de um ensino-aprendizagem monótono e aborrecido da matemática para um esquema que motive os alunos e os faça aumentar o seu auto-conceito em relação à matemática (p. 60). 60).

Parte da variedade de possibilidades da gamificação focada na educação é o uso de ferramentas digitais. Estas ferramentas permitem a implementação de actividades, a organização, a publicação de materiais e a comunicação entre os envolvidos, sejam eles coordenadores, professores, alunos ou pais (Reyes Jofré, 2018). A gamificação focada na educação tem como objetivo melhorar com sucesso a aprendizagem dos alunos, seja em cenários presenciais ou virtuais; existem várias alternativas para fornecer as condições adequadas para uma aprendizagem significativa e sustentada ao longo do tempo, proporcionando oportunidades e crescimento pessoal.

Conclusões

Em conclusão, este estudo centrou-se na descrição da forma como os professores de uma instituição educativa Eloy Alfaro utilizam a gamificação para ensinar matemática às crianças. Identificámos as técnicas que utilizam e explorámos os benefícios desta estratégia no processo de ensino e aprendizagem. A gamificação, ao incorporar elementos de jogos na educação, procura tornar a experiência de aprendizagem mais atractiva e participativa, melhorando consideravelmente o desempenho académico dos alunos, criando uma dinâmica com a disciplina, despertando o interesse pela mesma e elevando a capacidade de resolução de problemas do contexto em que se desenvolvem.

Os nossos resultados sugerem que esta estratégia pode melhorar o desempenho escolar, bem como o desenvolvimento formativo e pessoal dos alunos. Num mundo onde o ensino da matemática enfrenta desafios como a falta de motivação e o distanciamento da disciplina, a gamificação surge como uma ferramenta promissora para transformar a forma como a matemática é ensinada e aprendida, promovendo um ambiente de aprendizagem mais dinâmico e colaborativo. Os professores precisam de incorporar esta estratégia com mais frequência, de modo a satisfazer as expectativas de todos os envolvidos, incluindo alunos, professores e pais, ou seja, a comunidade educativa apoiada numa iniciativa interessante e coordenada, que abre caminho a futuras formas de aprendizagem.

Para alcançar o sucesso, o primeiro passo é criar as condições necessárias, estas condições andam de mãos dadas com as capacidades das pessoas com um objetivo, que reconhecem o seu papel na sociedade e que, com apoio, geram oportunidades, é a mecânica da educação, só temos de ser actores da mudança.

Referências bibliográficas

Ardila-Muñoz, J. E "Pressupostos teóricos para a gamificação do ensino superior". International Journal of Educational Research, vol. 12, 2019, pp. 7184, https://doi.org/10.11144/Javeriana.m12-24.stge

Arias Gonzáles, José Luis, e Mitsuo Covinos Gallardo. Desenho e Metodologia da Investigação. Primera, ENFOQUES CONSULTING EIRL, 2021, livro eletrónico disponível em: www.tesisconjosearias.com

Aristizábal Z, Jorge, et al. "El juego como una estrategia didática para desarrollar el pensamiento numérico en las cuatro operaciones básicas". Sophia, vol. 12, 2016, pp. 117-25, https://www.redalyc.org/pdf/4137/413744648009.pdf

Cenedesi, Mario Angelo, e Silvia Elena Vouillat. Metodologia da investigação: do objeto à publicação dos dados. 36ª ed., vol. 17, 2024, https://doi.org/10.32813/2179-1120.2024.v17.n1.a976

Chaves Yuste, Beatriz. "Revisão de experiências de gamificação no ensino de línguas estrangeiras". 33, vol. 8, novembro de 2019, pp. 422-30, https://doi.org/0000- 0002-4442-9138.

Contreras Espinosa, Ruth, e José Luis (editores) Eguia. Experiências de gamificação na sala de aula. 2017, http://incom.uab.cat

Culqui Tibán, Daniela Lissette. A gamificação como estratégia metodológica em actividades de reforço académico na área da Matemática. 2023. Pontificia Universidad Católica del Ecuador Sede Ambato, https://repositorio.pucesa.edu.ec/bitstream/123456789/4254/1/MIE%20Cul

qui%20Ti ban%20Daniela%20Lissette.pdf

García Casaus, F., et al. "La gamificación en el proceso de enseñanza-aprendizaje: una aproximación teórica". Repositorio Dialnet, julho de 2020, pp. 16-24, https://dialnet.unirioja.es/servlet/articulo?codigo=7643607

Hernández Sampieri, Roberto, e Christian Mendoza Torres. Metodología de la Investigación, las rutas cuantitativas, cualitativa y mixta. 2018, https://blogs.ugto.mx/rea/wp-content/uploads/sites/71/2021/11/Cap-3-Sampieri018.pdf. P.E-919087654123.

Hernández-Peñaranda, J. O., et al. "Uso y benefícios de la gamificación en la enseñanza de las matemáticas". Eco Matemático, vol. 11, junho de 2020, pp. 30-38, https://doi.org/https://doi.org/10.22463/17948231.3200.

Hurtado de Barrera, Jacqueline. Metodología de la Investigación Holística. 3ª ed., SYPAL, 2000.

Jinez, Fernando. "Uso de la Gamificación para fortalecer el aprendizaje de las Matemáticas en los estudiantes de 1RO BGU". Universidad Tecnológica Indoamérica, vol. 1, outubro de 2023, pp. 77-81.

León Flores, Daniela Tahís. Proposta de gamificação numa unidade didática na disciplina de matemática com alunos do 6º EGB. 2022. Pontificia Universidad Católica del Ecuador, Esmeraldas, https://repositorio.puce.edu.ec/server/api/core/bitstreams/4f9c40e8-a51a-4a81-9592- aba025771ba9/content

López López, Mónica Yazmín. "La importancia de la gamificación como técnica de enseñanza aprendizaje a nivel superior". Insigne visual, vol. 24, julho de 2019, pp.4957, http : //www.apps. buap.mx/oj s3/index.php/insigne/article/view/1442/1046

Polo Escobar, Benjamín Roldan, et al. Competências transversais no contexto educativo universitário: um pensamento crítico a partir dos princípios de gamificação. julho de 2022, p. 178, https://doi.org/https://orcid.org/0000-0001-5056-9957

Ramírez, María del Rocío, e Héctor Olmos. Funções cognitivas e motivação na aprendizagem da matemática. julho de 2020, pp. 51-63.

Reyes, David. "Gamificação dos espaços virtuais de aprendizagem". Centro de Formação Virtual, 2018, UMCE; david.reyes_j@umce.cl - davide.reyesj @gmail.com

Romero Aimacaña, Jhon, e Luis Velasco Bautista. Gamificación e Innovación Pedagógica. 2023. Universidade Técnica de Cotopaxi, https://repositorio.utc.edu.ec/bitstream/27000/11572/1/PP-000322.pdf

Vásquez Unda, Marco Miguel. Gamificación y estándares de aprendizaje del área de matemáticas en estudiantes, U.E. Veinticuatro de Mayo, Santo Domingo. Equador 2021. 2021. Universidade César Vallejo Lima - Peru, https://repositorio.ucv. edu.pe/bitstream/handle/20.500.12692/78247/Vasquez UMM-SD.pdf?sequence=1&isAllowed=y

I want morebooks!

Buy your books fast and straightforward online - at one of world's fastest growing online book stores! Environmentally sound due to Print-on-Demand technologies.

Buy your books online at
www.morebooks.shop

Compre os seus livros mais rápido e diretamente na internet, em uma das livrarias on-line com o maior crescimento no mundo! Produção que protege o meio ambiente através das tecnologias de impressão sob demanda.

Compre os seus livros on-line em
www.morebooks.shop